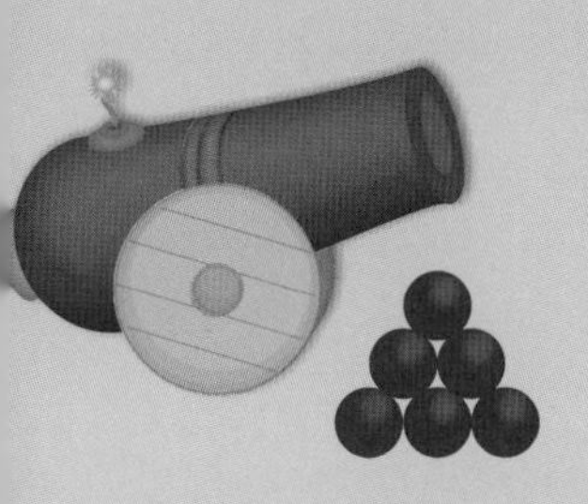

연산이 쉬워지는 마법의 학습 놀이 ①

BRAIN BOOSTERS

덧셈과 뺄셈

ACTIVITY BOOK

블루무스 어린이

연산이 쉬워지는 마법의 학습 놀이 ①
BRAIN BOOSTERS: 덧셈과 뺄셈
초판 1쇄 인쇄일 2021년 6월 24일 **초판 1쇄 발행일** 2021년 6월 30일
지은이 페니 웜즈 **그림** 그레이엄 리치 **감수** 최경희(달콤수학 꿀쌤) **옮긴이** 이미정
펴낸이 金昇芝 **편집** 문영은 **디자인** 박민수 **홍보** 김예진
펴낸곳 블루무스어린이 **출판등록** 제2018-00343호
전화 070-4062-1908 **팩스** 02-6280-1908
주소 서울시 마포구 월드컵북로 400 5층 21호
이메일 bluemoosebooks@naver.com **인스타그램** @bluemoose_books
ISBN 979-11-91426-14-4 64410
979-11-91426-13-7 (set)
아이들의 푸른 꿈을 응원하는 블루무스어린이는 출판사 블루무스의 어린이 단행본 브랜드입니다.

목 차

비법

덧셈이 뭘까

덧셈은 두 수나 그보다 많은 수를 더하는 거야. 수를 하나하나 다 세어 보는 것보다 더 빠른 방법이지. 숫자 마법사 위즈뱅 할아버지가 토끼 수를 어떻게 더하는지 확인해 보자.

호호호, 처음에 토끼 1마리가 있었는데 4마리가 더 생겼어. 그래서 모두 5마리가 됐단다!

이렇게 쓸 수 있어.

$$1 + 4 = 5$$

큰 수끼리 더하는 건 어려워! 위즈뱅 할아버지는 문제만 보고도 답을 알지. 바로 답을 알아내기 힘든 친구들은 종이에 덧셈식을 직접 적어 보자.

쉿! 비밀이 하나 있어. 나도 가끔은 종이에 덧셈식을 적어 본단다!

$$\begin{array}{r} 421 \\ +538 \\ \hline 959 \end{array}$$

$$421 + 538 = 959$$

수를 더하는 방법은 아주 많아. 앞으로 차근차근 익혀 보자!

뺄셈이 뭘까

비법

덧셈을 거꾸로 하면 뺄셈이야.
몇 개를 빼면 몇 개가 남는지 알아보는 게 뺄셈이지.

호호호,
토끼가 5마리 있었는데
이제 1마리 남았구나!

이렇게 쓸 수 있어.

$5 - 4 = 1$

덧셈을 거꾸로 하면 뺄셈이 돼.

$68 + 7 = 75$ 는
$75 - 7 = 68$ 이 되지.

호호호, 금방
숫자 마법사가 되겠는걸!

네모 칸 안의 수는 뭘까?

$34 + 9 = 43$
$43 - 9 = \square$

잘했어!

비법

덧셈 맛보기 미션

위즈뱅 할아버지가 마법 지팡이들을 한 줄로 세워서 '수열'을 만들었어.
숫자들이 차례대로 늘어서 있는 것을 수열이라고 해. 수를 더할 때 쓸 수 있지.

4 + 3은 4부터 3번 이어서 세면 돼.

+1 2 3

1 2 3 4 5 6 7 8 9 10

따라서 4 + 3 = 7이야.

수열에서는 원하는 숫자에서 시작해서 원하는 곳에서 끝낼 수 있어.
아래 수열을 보고 37 + 3을 풀어 보자.

34 35 36 37 38 39 40 41 42 43

호호호,
방금 한 걸
'이어 세기'라고 부른단다.
10쪽에서 다시
확인해 보자.

정답은 이 책
마지막 장에 있어.

37 + 3 = ☐

마법의 말, 말, 말

비법

아래 덧셈을 잘 봐.

4 + 2

이건 이렇게도 쓸 수 있지.

4와 2를 모으기

4와 2를 더하기

4보다 2만큼 큰 수는

4와 2의 합

모두 똑같은 말이야!

4 더하기 2는 6이야!

호호호, +가 나오면
숫자를 더해야 한단다.

더하기 1

한 자리 수에 1 더하기 미션

생쥐 메를린은 열매를 10개 모아야 해. 그런데 한 번에 딱 1개만 가져올 수 있어. 메를린은 지금까지 열매를 몇 개나 모았을까? 아래 네모 칸을 모두 채우면 답이 나와.

1 + 1 = 2

2 + 1 = ☐

3 + 1 = ☐

4 + 1 = ☐

5 + 1 = ☐

6 + 1 = ☐

이게 메를린이 모은 열매야. 앗! 메를린이 하나를 더 가지고 오네. 그럼 열매는 모두 몇 개가 될까?

7 + 1 = ☐

피곤한 메를린, 낮잠을 자고 싶은데 열매를 10개 다 모아야 해. 몇 번 더 다녀와야 할까? ☐

도전! 10보다 큰 수에 1 더하기 미션

더하기 1

도와줘! 메를린이 아래 네모 칸을 다 채워야 해.

13 + 1 = ☐

☐ + 1 = 11

25 + 1 = ☐

31 + 1 = ☐

☐ + 1 = 4

59 + 1 = ☐

☐ + 1 = 100

199 + 1 = ☐

222 + ☐ = 223

찍찍,
머릿속으로
계산할 수 있겠어?

좀 더
풀어 볼까?

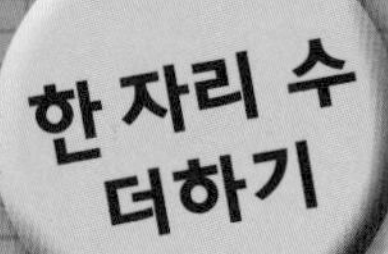

이어 세기 미션

'이어 세기'는 숫자를 차례대로 계속 세는 거야. **3+2**를 해 볼까?
아주 쉬워. **3** 다음부터 차례대로 **2**번 세면 돼. **3**부터 **4, 5**!
한 자리 수(1에서 9까지)를 더할 때 이어 세기를 하면 좋아.
손가락을 꼽으면서 이어 세기를 하면 훨씬 더 쉬워.

이어 세기로 아래 네모 칸을 채워 보자.

4 + 3 = ☐ 8 + 4 = ☐

0 + 2 = ☐ 5 + 1 = ☐

4 + 4 = ☐

메를린에게는 동생이 아주 많아.
아래 그림을 보고 몇 마리인지 세어 볼래?

남동생 ☐

여동생 ☐

모두 몇 마리이야? ☐

도전! 메를린과 함께 수식 해결하기 미션

한 자리 수 더하기

메를린이 덧셈식을 풀고 있어.
아래 네모 칸을 채워 줘!

찍찍,
손가락을 꼽으면서
이어 세기를 해 봐.

6 + 4 = ☐

10 + ☐ = 16

21 + 9 = ☐

16 + 3 = ☐

52 + ☐ = 54

5 + ☐ = 5

48 + 2 = ☐

더하기는 수끼리 자리를 바꿔도 괜찮아. **53+5**와
5+53은 답이 같아. 큰 수부터 이어 세면 더 쉽겠지?
둘 다 **53** 다음부터 **5**번 이어 세면 돼.

5 + 53 = ☐

두 문제 더 있어. 잘할 수 있지?

1 + 101 = ☐

8 + 35 = ☐

다음은 두뇌 게임 미션

한 자리 수 더하기

생쥐 메를린의 두뇌 게임 미션

메를린이 동생 3마리와 함께 놀고 있어.
앗, 동생 5마리가 더 왔네!
메를린과 노는 동생은
모두 몇 마리일까?

얌얌, 맛있다!

메를린이 주방에서 치즈 5덩어리를 찾았어.
나중에 2덩어리를 더 찾아냈어.
치즈 덩어리는
모두 몇 개일까?

다음 중에서 '덧셈'이 아닌 게 있어. 찾아서 동그라미를 쳐 봐.

플러스 　  　 곱 　 합 　 더하기

지금 메를린은 **2**살이야.
4년 후에는 몇 살이 될까?

메를린과 동생 머지가 게임을 하고 있어. 공을 굴려서 양동이에 넣으면 **2**점, 쥐구멍에 넣으면 **5**점이야.
메를린과 머지가 양동이와 쥐구멍에 공을 몇 번 넣었는지 아래 점수판에 적어 놨어.

점수판을 잘 보고 메를린과 머지의 점수를 계산해 봐.

	메를린	**머지**
양동이	**2**번	**1**번
쥐구멍	**1**번	**2**번
점수		
누가 이겼어?		

이어 세기 미션 완료!

비법

뺄셈 맛보기 미션

위즈뱅 할아버지가 또다시 지팡이들을 한 줄로 세워서 '수열'을 만들었어.
수열은 수를 뺄 때도 편리하게 쓸 수 있어.

4 – 3의 답을 알고 싶다면, 4부터 거꾸로 3번 세어 보자.

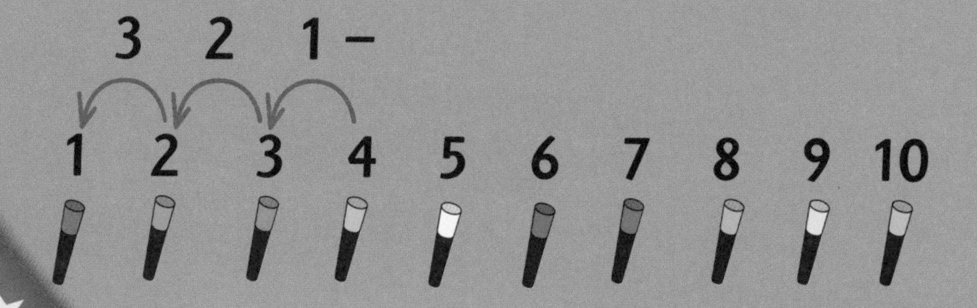

따라서 4 – 3 = 1

이어 세기처럼 수열에서는 원하는 수에서 시작해도 돼.
아래 수열을 보고 빼기를 해 보자.

25 26 27 28 29 30 31 32 33

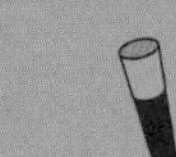

33 – 5 = ☐

거꾸로 세기는 이어 세기를 거꾸로 하는 거야.

마법의 말, 말, 말

비법

모두 같은 말이야!

5 − 3은 이런 뜻이야.

5에서 3 빼기

5에서 3 덜어내기

5보다 3만큼 작은 수

5와 3의 차

5 빼기 3은 2야!

호호호, − 가 나오면
빼기를 해야 한단다.

빼기 1

한 자리 수에서 1만큼 빼기 미션

고양이 키트가 간식을 먹고 있어. 그릇에 간식 8개가 있는데
한 번에 하나씩 먹어. 키트와 함께 거꾸로 세기를 해 보자.

8 − 1 = ☐

7 − 1 = ☐

6 − 1 = ☐

5 − 1 = ☐

4 − 1 = ☐

3 − 1 = ☐

2 − 1 = ☐

이제 간식이 1개밖에 안 남아서 키트는 너무 슬퍼.
간식을 1개 더 먹으면 몇 개가 남을까? ☐

도전! 10보다 큰 수에서 1 빼기 미션

키트는 두 자리 수와 세 자리 수 뺄셈도 할 수 있어.

$11 - 1 = \square$

$20 - 1 = \square$

$\square - 1 = 23$

$13 - 1 = \square$

$\square - 1 = 20$

$32 - 1 = \square$

$\square - 1 = 0$

$100 - 1 = \square$

$101 - 1 = \square$

야옹, 난 머릿속으로 거꾸로 세기를 할 수 있어.

좀 더 해 볼까?

한 자리 수 빼기

거꾸로 세기 미션

'거꾸로 세기'는 이어 세기를 거꾸로 하는 거야.
키트는 거꾸로 세기로 뺄셈하는 걸 좋아해.
손가락을 꼽으면서 거꾸로 세기를 하면 더 쉬워.

4 − 1 = ☐

6 − 2 = ☐

10 − 5 = ☐

8 − 4 = ☐

9 − 6 = ☐

키트의 간식 그릇이 모두 3개야. 키트가 한 그릇에서 간식을
3개씩 먹으면 각 그릇에는 몇 개가 남을까? 키트가 먹은 간식에 X표를 해 보고
네모 칸을 채워 보자. (첫 번째 그릇에는 X표를 해 놨어.)

7 − 3 = 4

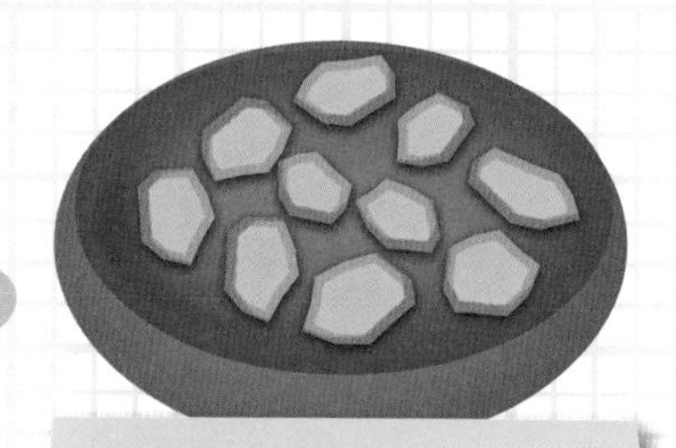

10 − 3 = ☐

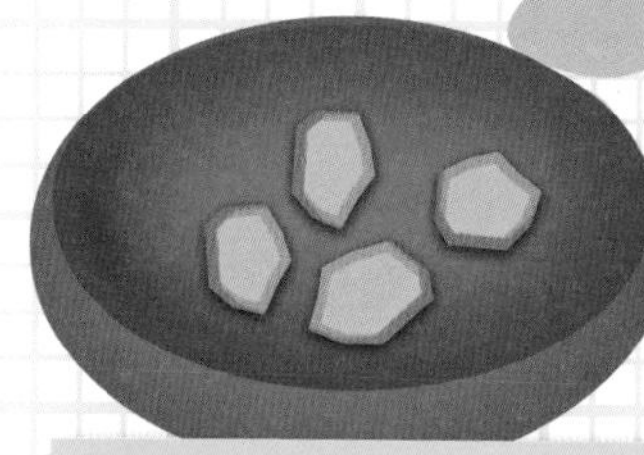

4 − 3 = ☐

도전! 키트와 함께 뺄셈식 해결하기

한 자리 수 빼기

아래 뺄셈식의 네모 칸을 채워 보자.

야옹, 손가락을 펴서 수열을 만들어 보거나 거꾸로 세기를 해 봐.

9 − 2 = ☐

10 − ☐ = 2

26 − 5 = ☐

8 − ☐ = 1

32 − 3 = ☐

68 − ☐ = 59

22 − 2 = ☐

13 − ☐ = 8

80 − 7 = ☐

더하기와 달리 빼기는 숫자끼리 차례가 달라지면 안 돼.
2 −1과 1− 2는 같지 않아.
사과 2개에서 1개를 먹으면 1개가 남아.
하지만 사과가 1개 있는데 2개를 먹을 수는 없어!

다음은 두뇌 게임 미션

한 자리 수 빼기

고양이 키트의 두뇌 게임 미션

키트와 친구 클라우디우스는 정원에서 새를 보고 있어. 새가 5마리 있었는데 3마리가 날아가 버렸어.
새가 몇 마리 남았을까? ☐

키트에게 장난감 5개가 있어.
클라우디우스는 키트보다 장난감을 1개 적게 갖고 있어. 클라우디우스의 장난감은 몇 개일까? ☐

6에서 5를 빼면? ☐

다음 중에서 '뺄셈'이 아닌 것에 동그라미를 쳐 보자.

마이너스 — 더하기 차 빼기

한 자리 수 빼기

키트가 주방 바닥에 진흙 발자국 20개를 남겼어.
키트의 주인이 발자국 8개를 이미 닦아 냈어.
키트의 발자국이 몇 개 남았을까?

키트와 클라우디우스는 고양이라서 목숨이 9개야.
키트는 목숨 2개를 잃었고, 클라우디우스는 목숨 4개를 잃었어.
키트와 클라우디우스는 각각 목숨이 몇 개 남았을까?

키트 　 클라우디우스

8보다 2 작은 수는 6이면,
9보다 3 작은 수는?

6에서 1을 빼면?

야옹, 너 아주
똑똑한 고양이구나!

거꾸로 세기
미션 완료!

테스트

미션을 수행하라!

이어 세기와 거꾸로 세기로
덧셈과 뺄셈을 어떻게 했는지 떠올려 봐.

호호호, 머릿속으로 계산해 보렴.
힘들면 수열을 만들거나 손가락을
꼽으면서 계산해도 된단다.

11 + 3 = ☐

90 − 2 = ☐

☐ + 5 = 10

18 + ☐ = 26

3 − ☐ = 0

위즈뱅 할아버지가 지팡이 4개를 들고 있어.
지팡이 3개가 없어지면 몇 개가 남을까? ☐

위즈뱅 할아버지가 물약을 만들고 있어. 10개를
만들었는데 5개를 더 만들어야 해.
다 만들면 몇 개가 될까? ☐

테스트

메를린이 열매 **10**개를 갖고 있어. 그중에서
3개를 먹고 나서 또 **2**개를 더 먹었어. 메를린이
먹은 열매에 X를 해서 몇 개가 남는지 세어 보자.

$10 - 3 - 2 =$ ☐

메를린은 남동생 **8**마리와 여동생 **8**마리와 숨바꼭질을 하고 있어.
동생 **3**마리는 찾았어.
모두 찾으려면 몇 마리 더 찾아야 할까? ☐

키트가 진흙 발자국을 많이 찍고 있어.
지금까지 발자국 **14**개를 찍었어.

발자국을 **3**개 더 찍으면 모두 몇 개? ☐

발자국을 **7**개 더 찍으면 모두 몇 개? ☐

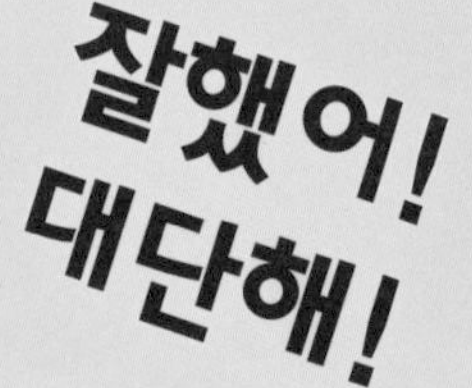

짝꿍수

10의 짝꿍수 외우기 미션

더해서 10이 되는 두 수를
10의 '짝꿍수'라고 해. 해적선장 썩은니는
10의 짝꿍수를 전부 알고 있지.
자, 아래 짝꿍수를 잘 봐!

$9 + 1 = 10$

$8 + 2 = 10$

$7 + 3 = 10$

$6 + 4 = 10$

$5 + 5 = 10$

$4 + 6 = 10$

$3 + 7 = 10$

$2 + 8 = 10$

$1 + 9 = 10$

도전! 10의 짝꿍수 찾아보기

짝꿍수

짝꿍수를 알면 덧셈이 훨씬 쉬워져. 아래 동전을 보고 10이 되는 짝꿍수를 찾아 이어 보자. 24쪽에 답이 있으니까 맞는지 확인하면 돼.

9

4 7 6 3

5

2 8 5 1

아래 네모 칸도 채워 보자.

9 + ☐ = 10

☐ + 7 = 10

5 + ☐ = 10

☐ + 4 = 10

8 + ☐ = 10

짝꿍수

10의 짝꿍수 더하기 미션

해적선장 썩은니가 동전 주머니 5개를 갖고 있어. 각 주머니 안에는 동전 10개가 들어 있어야 해. 모자란 동전을 필요한 만큼 그려 줘.

해적선장 썩은니가 동전 주머니가 얼마나 무거운지 저울로 재고 있어. 동전 주머니 2개를 합해서 동전 주머니의 무게가 10이 되어야 해. 네모 칸에 알맞은 수를 적어 보자.

도전! 해적선장 썩은니의 무시무시한 덧셈식 풀기

짝꿍수

할 수 있는 한 빠르게
아래 덧셈식을 풀어 봐.

7 + ☐ = 10

☐ + 5 = 10

2 + ☐ = 10

9 + ☐ = 10

☐ + 3 = 10

5 + ☐ = 10

1 + ☐ = 10

☐ + 4 = 10

6 + ☐ = 10

8 + ☐ = 10

짝꿍수

10의 짝꿍수 빼기 미션

해적선장 썩은니는 여행 준비물을 사야 해.
동전 **10**개가 든 동전 주머니를 갖고 가서
준비물을 사고 나면 동전 몇 개가 남을까?

쓴 동전에 X를 하고,
네모 칸에 알맞은 수를 적어 보자.

오렌지 6개: 동전 **3**개

10 − 3 = ☐

닭다리 1개: 동전 **8**개

10 − 8 = ☐

빵 3개: 동전 **5**개

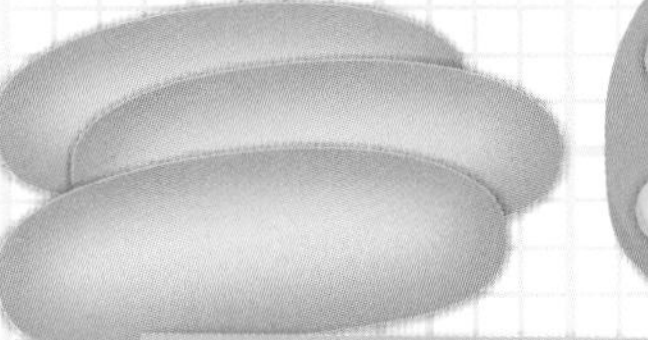

10 − 5 = ☐

드럼통 2개: 동전 **4**개

10 − 4 = ☐

삽 1자루: 동전 **9**개

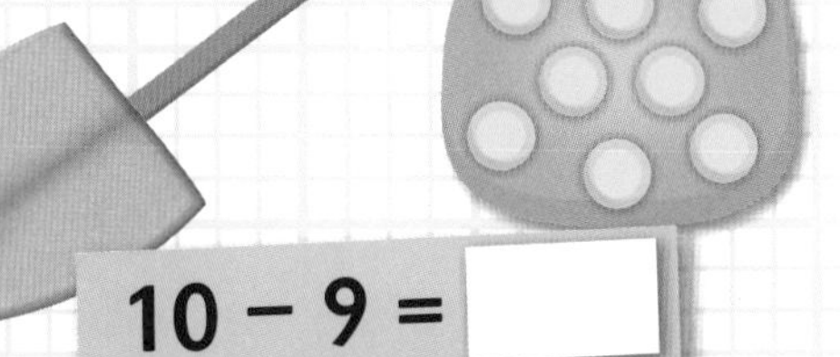

10 − 9 = ☐

도전! 해적선장 썩은니와 무시무시한 뺄셈

할 수 있는 한 빠르게 네모 칸을 채워 봐.

$10 - 2 = \square$

$10 - \square = 5$

$10 - 3 = \square$

$10 - 8 = \square$

$10 - \square = 3$

$10 - 9 = \square$

$10 - \square = 2$

$10 - 4 = \square$

$10 - 5 = \square$

$10 - \square = 9$

다음은 두뇌 게임 미션

짝꿍수

해적선장 썩은니의 두뇌 게임 미션

해적선장 썩은니가
금화를 엄청 많이 찾아냈어.
여기서 10의 짝꿍수를
찾아보는 거야.
찾아낸 짝꿍수는 X표를
하자. 짝꿍수가 모두 몇 쌍이
나오는지 헤아려 봐.
손가락을 꼽거나
머릿속으로 기억하면 돼.

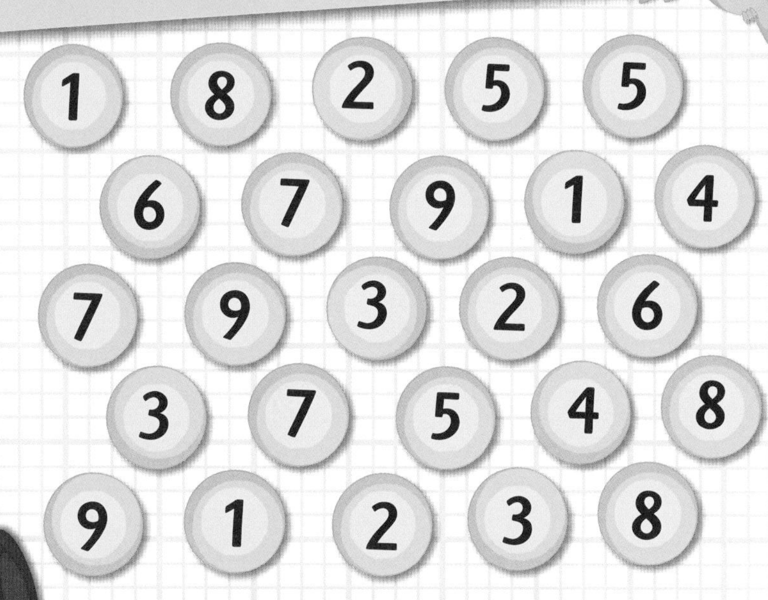

10의 짝꿍수가 몇 쌍이 나왔어? ☐

금화 하나가 짝꿍이 없어서 남아. 몇 번 금화가 남지? ☐

썩은니가 대포알 6개를 갖고 있어.
몇 개를 더 사야 10개가 될까? ☐

썩은니가 대포알 10개 중에서 3개를
해적 보니의 배에 발사했어.
대포알은 몇 개 남았어? ☐

짝꿍수
저울 양쪽을
똑같이 맞춰 줘!
5
10
9
10
으하하,
이번 해적선장 수업도
무사히 통과했구나!
썩은니가 제일 좋아하는 일을 하고 있어.
바로 보석 헤아리기! 보석을 10개씩 모으려면
보석이 각각 몇 개가 더 필요할까?
6 +
9 +
7 +
아래 뺄셈식을 완성해 보자.
– 3 = 7
10 – 2 =
10 – 1 =
넌 이제
짝꿍수
천재야.

두 배 하기 미션

앵무새 피트는 두 배 하기를 아주 잘해.
두 배를 알면 덧셈이 훨씬 쉬워져. 두 배는 같은 수를
두 번 더하는 거야. 아래 덧셈식을 잘 봐 둬.

$1 + 1 = 2$

$2 + 2 = 4$

$3 + 3 = 6$

$4 + 4 = 8$

$5 + 5 = 10$

$6 + 6 = 12$

$7 + 7 = 14$

$8 + 8 = 16$

$9 + 9 = 18$

$10 + 10 = 20$

이제 정답을 가리고 맞혀 봐.
기억할 수 있겠어?

도전! 앵무새 피트와 두 배 하기로 덧셈식 풀기

두 배

두 배 하기를 잘 하면 해적선장 썩은니가 땅콩을 **두 배**로 줘.
월요일에는 땅콩을 이만큼 받았어.

5 + 5 = 10

화요일에는 피트가 **두 배** 하기를 아주 잘해서 땅콩을 하나 더 받았어.
이건 **두 배**와 거의 비슷하니까 **두 배**에 **1**을 더하면 돼.

5 + 6 = ☐

수요일에는 땅콩이 모자라서 **두 배**보다 **1**개 덜 줬어.
그럼 피트는 땅콩을 몇 개 받았을까?

5 + 4 = ☐

이제 거꾸로 해 볼까?

반
나누기

반 나누기 미션

반 나누기는 **두 배** 하기를 거꾸로 하는 거야.
아래 숫자들을 똑같이 **반**으로 나눌 수 있겠어?

4 = 2 + 2

20 = ◯ + ◯

12 = ◯ + ◯

10 = ◯ + ◯

6 = ◯ + ◯

16 = ◯ + ◯

8 = ◯ + ◯

14 = ◯ + ◯

2 = ◯ + ◯

18 = ◯ + ◯

더하기를 해서
답이 맞는지 확인해 봐.

도전! 앵무새 피트와 반 나누기로 뺄셈식 풀기

반 나누기

난 씨앗 세는 게 제일 재밌어!

피트가 말을 잘 안 들으면 썩은니가 피트에게 주는 씨앗을 **반**으로 줄여 버려. 목요일에는 썩은니가 피트에게 씨앗 **6**개를 주려다가 **반**만 주었어.

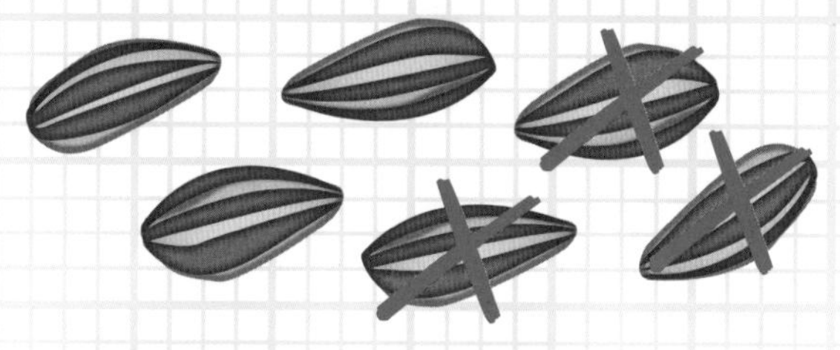

6 − 3 = 3

금요일에는 피트가 진짜 말썽을 피워서 썩은니가 씨앗 **6**개의 **반**에서 **1**개를 더 가져가 버렸어. **6**개의 **반**에서 **1**개를 빼면 씨앗은 몇 개가 남을까?

6 − 4 = ☐

두 배 하기와 반 나누기

피트가 풀어야 하는 덧셈식이야.
도와줘! 두 배 하기를 할 줄
안다면 풀 수 있어.

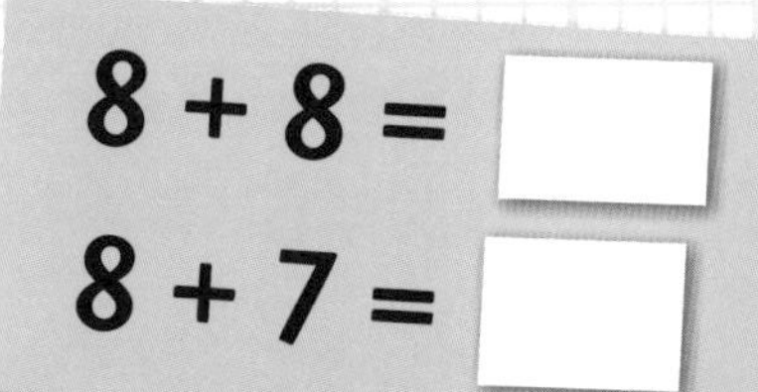

누가 더
똑똑한지
볼까?

$10 + 10 = \square$

$10 + \square = 21$

$\square + 3 = 6$

$3 + 4 = \square$

$\square + 5 = 10$

$6 + \square = 11$

$7 + 7 = \square$

$6 + 7 = \square$

반 나누기를 할 줄 안다면 풀 수 있어.
앵무새 피트를 도와줘!
비어 있는 네모 칸을 모두
채울 수 있겠어?

12 = 6 + ☐
13 = 6 + ☐

2 = 1 + ☐
3 = 1 + ☐

10 = 5 + ☐
9 = 5 + ☐

4 = 2 + ☐
5 = 2 + ☐

8 = 4 + ☐
7 = 4 + ☐

마지막으로 이거 하나만
더 풀어 볼래?

80 = 40 + ☐
70 = 40 + ☐

두뇌 게임 미션!

두 배 하기와 반 나누기

도전! 앵무새 피트의 두뇌 게임 미션

잘 모르겠으면 32쪽을 봐!

앵무새 피트는 **6**살이야. 애꾸눈 고양이는 피트보다 나이가 **두 배** 많아. 애꾸눈 고양이는 몇 살일까?

해적선장 썩은니는 금화 **16**개를 주고 앵무새 피트를 샀어. 또 다른 앵무새도 샀는데 금화 **16**개의 **반**만 주고 샀어. 또 다른 앵무새를 사는 데 금화 몇 개를 냈을까?

피트는 돛대 위의 망대까지 **8**초 만에 날아갈 수 있어. 피트가 망대까지 갔다가 돌아오는 데 몇 초가 걸릴까?

두 배 하기와
반 나누기
9의 두 배는 18이야.
9 + 10은 몇일까?
만약 피자 반 판이 3조각이라면,
피자 1판은 몇 조각일까?
해적선장 썩은니가 부르는데도 앵무새 피트가 가지 않았어.
그래서 썩은니는 피트에게 땅콩 10개와 씨앗 20개를
주려다가 반만 주기로 했어.
피트는 땅콩과 씨앗을 몇 개씩 얻을까?
땅콩
씨앗
넌 해적선장의
최고의
파트너야!

테스트

미션을 수행하라!

짝꿍수 기억나? 기억을 다시 떠올려서
아래 네모 칸을 채워 보자.

10 − ☐ = 8

4 + ☐ = 10

3 + ☐ = 10

10 − 1 = ☐

10 − 5 = ☐

더해서 10이 되지 않는 두 수에 동그라미를 쳐 봐.

5와 5　　1과 8　　3과 7

9와 1　　6과 4

해적선장 썩은니가
동전의 무게를 재고 있어.
저울 양쪽이 똑같아지게
네모 칸을 채워 보자.

2 ☐ 10

테스트

으하하, 아주 잘 했어. 친구!

이제 반 나누기와
두 배 하기를 해 보자.

썩은니의 보물 상자에는 다이아몬드 **20**개, 루비 **18**개, 사파이어 **8**개, 에메랄드 **14**개가 있어. 해적 보니가 보물을 종류별로 **반**씩 훔쳐 가면 각각 몇 개가 남을까?

다이아몬드 ◯ 사파이어 ◯

루비 ◯ 에메랄드 ◯

앵무새 피트는 이쪽 섬에서 저쪽 섬까지 **3**시간 만에 날아갈 수 있어. 저쪽 섬까지 갔다가 이쪽 섬으로 돌아오면 얼마나 걸릴까? ◯

10 + 10 = 20이야.
11 + 10은 몇일까? ◯

으하하! 넌 계산 천재야!

십의 자리 수와 일의 자리 수

십의 자리 수와 일의 자리 수 맛보기 미션

나비 벨라는 십의 자리와 일의 자리가 뭔지 아주 잘 알아.
벨라의 왼쪽 날개에는 점 **6**개가 있고, 오른쪽 날개에도 점 **6**개가 있어. 양쪽 날개의 점을 모두 더하면 **12**개야!

$$6 + 6 = 12$$

더하기를 쉽게 하려면 점 10개를 묶어 봐.
그러면 남은 낱개가 일의 자리 수가 돼.

$$6 + 6 = 10 + 2$$

그러니까 **12**는 10개씩 1묶음과 낱개 2개야.
십의 자리 수와 일의 자리 수를 쓰면 아래와 같아.

십	일
1	2

그래서 12가 되지.

도전! 십의 자리 수와 일의 자리 수 찾기

벨라가 문제를 냈어. 아래 나뭇잎을 세어 보자.

아래 수에서 십의 자리 수에 동그라미를 쳐 줘.

24 95 73 55 68 17

이번에는 일의 자리 수에 동그라미를 쳐 줘.

65 84 24 66 57 48

아주 잘했어!

십의 자리 수와 일의 자리 수

십의 자리 수에 10 더하기 미션

어떤 수에 10을 더할 때는 이어 세기를 하지 않아도 돼.
그냥 십의 자리 수에 10만큼 더하면 돼.

23 + 10 = ◯

42 + 10 = ◯

10 + 57 = ◯

10 + 51 = ◯

64 + 10 = ◯

43 + 10 = ◯

어떤 수에 10을 더하면 그 수의 일의 자리 수는
달라지지 않아. 잊지 마!

십의 자리 수와 일의 자리 수

십의 자리 수에서 10 빼기 미션

어떤 수에서 10을 뺄 때는 거꾸로 세기를 하지 않아도 돼.
그냥 십의 자리 수에서 10만 빼면 돼.

잘 해 봐!

67 - 10 = ◯

18 - 10 = ◯

21 - 10 = ◯

33 - 10 = ◯

49 - 10 = ◯

82 - 10 = ◯

어떤 수에서 10을 빼면 그 수의
일의 자리 수는 달라지지 않아.

다음은 두뇌 게임 미션!

십의 자리 수와 일의 자리 수

나비 벨라의 두뇌 게임 미션

잘 해 봐!

나비 벨라가 꽃잎 **35**개를 모았어. **10**개를 더 모으면 몇 개가 될까?

20과 **10**의 합은?

십의 자리 수가 **5**, 일의 자리 수가 **6**인 수에 동그라미를 해 봐.

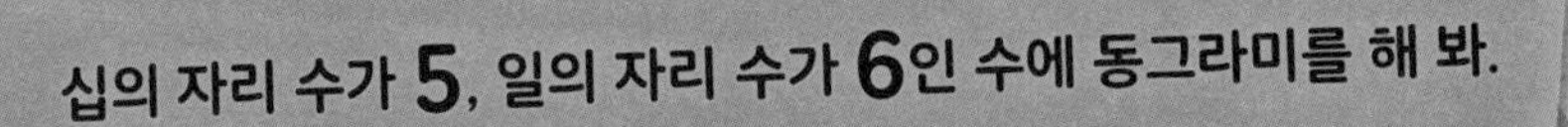

애벌레 콜린이 벨라네 집에 놀러왔어! 원래 **일주일** 동안 있다가 가기로 했는데, **10**일 더 놀다 갔어. 콜린은 벨라네 집에 며칠 있다가 가는 걸까?

십의 자리 수와 일의 자리 수
곤충 파티장에 나비 23마리, 메뚜기 10마리, 애벌레 10마리가 모였어. 모두 몇 마리야?
애벌레들과 메뚜기들이 한 마리도 빠짐없이 모두 막대사탕을 하나씩 샀어. 애벌레들과 메뚜기들이 산 막대사탕은 모두 몇 개야?
메뚜기가 모두 떠나면 몇 마리 남아?
애벌레도 모두 떠나면 몇 마리 남아?
덧셈과 뺄셈을 아주 잘했어!

백의 자리 수와 십의 자리 수

백의 자리 수와 십의 자리 수 맛보기 미션

한 번 더 해 보자!

암탉 해티는 달걀을 정말 잘 낳아. 일주일에 달걀을 10개씩이나 낳지! 해티가 달걀을 얼마나 많이 낳았는지 농부가 아래에 적어 놓았어. 아래에 빠진 수를 채워 넣을 수 있겠어?

주	달걀 수	개수 합
1	10	10
2	10	20
3	10	
4	10	40
5	10	
6	10	60
7	10	
8	10	80
9	10	
10	10	100

90에 **10**을 더하면 **10**이 **10**개가 돼. 이걸 **100**이라고 하지!

도전! 백의 자리 수 더 알아보기

백의 자리 수와 십의 자리 수

100을 백의 자리 수와 십의 자리 수, 일의 자리 수로 쪼개 보자.
백의 자리 수는 1, 십의 자리 수는 0, 일의 자리 수는 0이야.

백	십	일
1	0	0

10이 10묶음이면 100이 된다는 거 잊지 마.

100에 10을 더하면?

백	십	일
1	1	0

100 + 10 = 110이야.

110에 90을 더하면?
아래에 정답을 써 보자.

백	십	일
2	0	0

110 + 90 = ( )

백의 자리와 십의 자리

백의 자리와 십의 자리 더하기 미션

암탉 해티가 문제를 다 풀어야 해. 도와줘!

백 십 일
110 + 10 =

백 십 일
160 + 30 =

백 십 일
110 + 50 =

백 십 일
200 + 200 =

꼬꼬댁 꼬꼬! 문제가 여기 더 있어.

120 + 60 =

210 + 70 =

300 + 40 =

190 + 20 =

백의 자리와 십의 자리 빼기 미션

해티가 뺄셈식 앞에서 헤매고 있어.
도와줄 수 있어?

	백	십	일
120 − 20 =			

	백	십	일
650 − 200 =			

	백	십	일
270 − 50 =			

	백	십	일
150 − 40 =			

이 문제들도 풀어 볼래?

340 − 30 =

20 − 20 =

너무 어렵다고?
걱정하지 마.
이 책 마지막에 있는
정답을 봐도 돼!

할 수 있다면 이 문제도 풀어 봐.

330 − 110 =

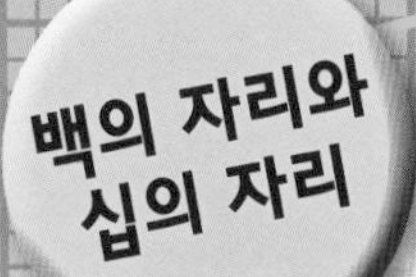

암탉 해티의 두뇌 게임 미션

해티가 달걀 40개를 낳았어. 농부는 40개 중에서 20개를 엄마에게 주고, 10개를 동생에게 줬어. 이제 달걀은 몇 개 남았을까?

농부가 달걀을 10개씩 담을 수 있는 통을 갖고 있어.

통 5개를 꽉 채우면 달걀은 모두 몇 개일까?

농부가 통 5개 중에서 통 2개를 다른 사람에게 주면 달걀은 몇 개 남을까?

10개씩 3묶음과
10개씩 3묶음의 합은?

백의 자리와 십의 자리

백의 자리 수가 3, 십의 자리 수가 5인 숫자에 동그라미를 쳐 줘.

315 35 3005 350 530

80 플러스 100 플러스 10은?

답이 다른 문제가 보여! 동그라미를 그려 보자.

80 − 30 70 − 30 40 + 10

90 − 40 30 + 20 100 − 50

꼬끼오, 꼬끼오!
대단해! 잘 하고 있어!

짱짱 잘했어!

짝꿍수

20의 짝꿍수 외우기 미션

훌륭한 해적들은 모두 10의 짝꿍수를 잘 알고 있어. 하지만 진짜 똑똑한 해적들은 20의 짝꿍수도 알아! 해적 보니가 20의 짝꿍수를 적어 놨어. 꼭 기억해 둬.

11 + 9 = 20

12 + 8 = 20

13 + 7 = 20

14 + 6 = 20

15 + 5 = 20

16 + 4 = 20

17 + 3 = 20

18 + 2 = 20

19 + 1 = 20

10의 짝꿍수와
20의 짝꿍수가
어떻게 다른지 알겠어?
24쪽을 보고 확인해 봐.

도전! 20의 짝꿍수로 문제 풀기

짝꿍수

짝꿍수를
찾아내면
계산이 아주 쉬워져.

20의 짝꿍수에서 일의 자리 수는 10의 짝꿍수와 똑같아.
11 + 9는 10 + 1 + 9와 똑같기 때문이지.
한번 세로로 써서 살펴볼까?

	십의 자리	일의 자리
	1	1
+		9
	2	0

20이 되지 않는 수식을 찾아서
동그라미를 쳐 볼래?

19 + 1　　13 + 7

2 + 18　　5 + 15　　6 + 13

짝꿍수

20의 짝꿍수 찾아내기 미션

해적 보니는 해적선장 썩은니의 가장 무서운 적이야.
보니는 썩은니보다 수학을 더 잘하고 싶어 해. 보니를 도와줄 수 있겠니?

17 + ☐ = 20

☐ + 4 = 20

1 + ☐ = 20

☐ + 15 = 20

18 + ☐ = 20

이 문제도 풀어 보자.

22 + 8 = ☐

마지막
문제를 맞히는
사람에게 경례!

도전! 해적 보니와 풀면 똑똑해지는 문제 해결하기

여기 간단한 문제들이 있어.

20 − ☐ = 14

20 − ☐ = 13

20 − ☐ = 11

20 − ☐ = 12

20 − ☐ = 10

더해서 20이 되지 않는 두 수는?

11과 8

6과 14

15와 5

18과 2

13과 7

두 수의 차

두 수의 차 맛보기 미션

커다란 상어 1마리와 작은 물고기 3마리의 차이가
뭐냐고 물으면 뭐라고 말할 거야? 크기가 다르다고?
이빨이 다르다고? 한 쪽이 다른 쪽을 먹어 치운다고?
수학에서 정답은…… 2야!

상어 1마리

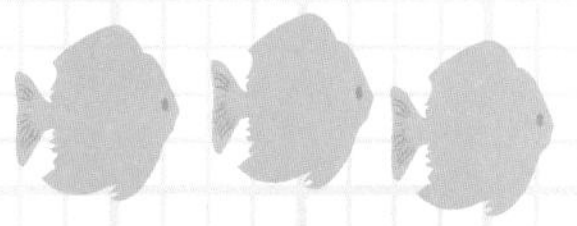

물고기 3마리

수학에서는 '수의 차'가 얼마인지
궁금해하지. 물고기 3마리와
상어 1마리의 차는 2야.

물고기 6마리와 2마리의 차이는
물고기 6마리를 먹으면 배가 부르지만,
2마리를 먹으면 배가 고프다는 거지!

물고기 6마리와 물고기 2마리의 차는 물고기 4마리야.
수열로 표현하면 다음과 같아.

도전! 다양한 방법으로 두 수의 차 구하기

두 수의 차

두 수의 차를 구하는 방법은 아주 많아.
20과 **17**의 차는 이어 세기로 계산할 수 있어.

15 16 17 18 19 20 21 22

거꾸로 세기를 해도 돼.

15 16 17 18 19 20 21 22

종이에 이렇게 쓸 수 있어.
아니면 머릿속으로 생각할 수도 있지!
(짝꿍수 기억하지?)

20 − 17

끝내주게 잘했어!

어떤 방법으로 계산하든 정답은 똑같아.
여기에 답을 적어 보자.

두 수의 차

상어 시드의 문제 풀기 미션

상어 시드가 물고기 두 무리를 몰래 보고 있어.

두 무리의 차는? ☐

초록색 물고기와
파란색 물고기의 차는? ☐

초록색 물고기와 파란색 물고기의 차가
4가 되려면 파란색 물고기가
몇 마리 더 있어야 할까? ☐

차가 4가 될 때까지 파란색
물고기를 더 그려 넣어 보자.

도전! 훨씬 더 어려운 문제 풀기

두 수의 차

차가 5인 비눗방울 묶음은 몇 개 있어? ☐

1 6　9 4　19 13　11 6　7 2　12 5

어떤 규칙에 따라 수를 늘어놓았어.
다음 수의 차를 계산해 보자.
마지막 네모 칸에 들어갈 숫자를 계산할 수 있어?

1　3　5　7　☐

16　13　10　7　☐

6　7　9　12　☐

다음 두 수의 차를 구해 보자.

14와 17 ☐

18과 6 ☐

2와 9 ☐

다음은 두뇌 게임 미션!

두 수의 차

상어 시드의 두뇌 게임 미션

시드는 섬 **2**곳에 가 봤어.
시드의 아빠는 섬 **4**곳에 가 봤어.
아빠는 시드보다
몇 곳에 더 가 봤을까?

시드가 어렸을 때는 이빨이 **32**개 있었어. 지금은 **40**개 있어.
시드는 어렸을 때보다
이빨이 몇 개 더 있어?

시드가 조개껍데기를 동생들에게 나누어 주고 있어.

A

B

C

시드는 동생들에게 모두 똑같이 조개껍데기를 나누어 주려고 해.
B와 C에 각각 몇 개씩 더해야 A와 수가 같아지지?

B  C 

두 수의 차

물속에서 상어 팀과 돌고래 팀이 농구를 하고 있어. 그런데 돌고래가 더 많아. 상어가 **11**마리고, 상어와 돌고래의 차가 **8**이래. 그렇다면 돌고래는 모두 몇 마리일까?

돌고래 **5**마리가 퇴장 당했어!
이제 상어와 돌고래의 차는 몇이야?

날쌘 시드가 수영 경주를 벌이고 있어!
출발선에서 중간까지 헤엄쳐 가는 데 **20**초가 걸렸고,
중간에서 결승선까지 헤엄쳐 가는 데 **45**초가 걸렸지.
두 수의 차는 얼마야?

아래 수들의 차를 생각하면서 마지막
네모 칸을 채워 보자.

20 21 23 26 30

도전! 기억 되감기 미션

십의 자리와 백의 자리, 20의 짝꿍수, 두 수의 차를
모두 다 기억하고 있는지 확인해 보자.

위즈뱅 할아버지가 초록색 병 10개와
보라색 병 5개를 갖고 있어. 이 두 수의 차는 몇이야?

해적 보니가 금화가 얼마나 무거운지 재고 있어. 저울 한쪽에는
금화 20개, 다른 쪽에는 금화 50개를 올려 놨어.
저울 양쪽을 똑같이 맞추려면 금화 몇 개를 더 올려야 할까?
그 수를 찾아 줄 수 있어?

20 50

10

20

30

지난주에 암탉 해티가 달걀 7개를 낳았어.
이번 주에는 10개를 낳았어.
이 두 수의 차는 몇이야?

테스트

상어 시드가 친구들과 함께
수영 마라톤에 참가했어.
시드는 섬까지 **40**번 왔다 갔다 했어.
처클스는 **30**번, 리틀 블루는
20번 왔다 갔다 했어.
모두 더하면 몇 번이야? ☐

짝꿍수를
찾아봐!

두 수를 더했을 때 일의 자리가 0이 아닌 것을 찾아
동그라미를 쳐 보자.

22	8
6	34
41	8
55	5
63	7

최고의 수학 마법사 탄생!

두 자리 수

두 자리 수 더하기 미션

십의 자리 수와 일의 자리 수가 있는 두 자리 수를 더해 보자.
먼저 십의 자리 수끼리 더하고 나서 일의 자리 수끼리 더하면 쉬워.

$17 + 12 =$ $10 + 10 = 20$ (10이 두 개)
$7 + 2 = 9$ (일의 자리 수는 9)

이렇게 더해서 나온 두 개의 답을 다시 더하면 돼.

$17 + 12 = 20 + 9 = 29$

이 문제도 풀어 볼까?

$11 + 13 =$ $10 + 10 = \square$
$1 + 3 = \square$

두 개의 답을 더해 보자.

$11 + 13 = \square + \square = \square$

두 자리 수를 더할 때 일의 자리 수끼리 더한 답이 10이 되거나
10보다 클 수 있어. 그럼 어떻게 되는지 아래 수식을 잘 살펴보자.

$17 + 13 =$ $10 + 10 = 20$ (10이 2개)
$7 + 3 = 10$ (10이 1개)

이때는 십의 자리 수가 **3**, 일의 자리 수가 **0**이 돼.

$17 + 13 = 20 + 10 = 30$

도전! 올림으로 두 자리 수 더하기

두 자리 수

두 자리 수 덧셈을 하는 다른 방법도 있어. '올림'이라는 방법이야.

19+19처럼 10에 가까운 수가 한 개나 두 개 있을 때 올림을 하면 좋아.

20+20=40이라는 건 이미 알고 있지?

19는 **20**보다 하나 작은 수잖아.

그러니까 **19**에 **1**을 더해서 **20**으로 올리는 거야.

그럼 계산하기가 훨씬 쉬워져. **20**과 **20**을 더한 수에서

19에 더했던 **1**을 빼면 **19+19**의 답이 나와.

수식으로 나타내면 다음과 같아.

19+1+19+1은 **20+20**과 같아.

그래서 **19+19=40-1-1=38**이 되는 거야.

이것도 해 볼래?

29 + 19 = ☐

두 자리 수

얼룩말 지와 두 자리 수 더하기 미션

머릿속으로 계산해.

얼룩말 지가 풀어야 하는 문제들이야.
먼저 십의 자리 수끼리 더하고, 다음에 일의 자리 수끼리 더한 다음, 그 답을 더해.

24 + 15 = ☐

82 + 16 = ☐

18 + 11 = ☐

23 + 23 = ☐

31 + 24 = ☐

55 + 14 = ☐

57 + 22 = ☐

21 + 42 = ☐

66 + 33 = ☐

이것도 풀어 볼래?

79 + 11 = ☐

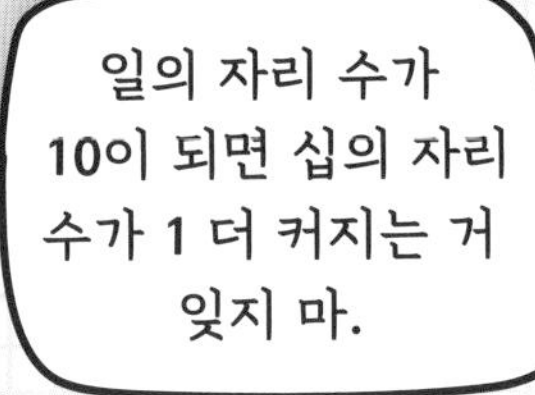

도전! 지의 올림 미션

두 자리 수

29 + 29 =

39 + 19 =

49 + 39 =

109 + 29 =

59 + 19 =

19 + 69 =

79 + 19 =

49 + 49 =

29 + 49 =

1을 더해
올림하면 나중에
1을 빼야 해.
2를 더해 올림하면
나중에 2를
빼야 해!

이 문제도 풀어 봐.

19 + 18 =

다들 대단해.
정말 잘하고
있어!

두 자리 수 뺄셈

두 자리 수 빼기 미션

두 자리 수 뺄셈을 할 때도 덧셈과 똑같이 십의 자리 수끼리, 일의 자리 수끼리 빼면 돼. 이때 앞 수의 십의 자리 수가 다음 수의 십의 자리 수보다 커야 해.

빼기에서도 더하기를 해야 해.

$36 - 12 =$ $30 - 10 = 20$ (10이 2개)
$6 - 2 = 4$ (일의 자리 수는 4)

이제 두 개의 답을 더하면 돼.

$36 - 12 = 20 + 4 = 24$

이 문제도 해결해 보자.

$26 - 15 =$ $20 - 10 = \square$
$6 - 5 = \square$

이 문제도 풀 수 있겠어?

$26 - 15 = \square + \square = \square$

도전! 기린 조지와 올림하기와 내림하기

두 자리 수 뺄셈

빼기를 할 때도 올림을
할 수 있어. 다음 문제를 잘 봐.
어려워 보이지?

90 – 19

올림해서 빼기를 하면
나중에 더하기를 해야 해.
내림해서 빼기를 하면
나중에 빼기를 해야 해.

90 - 20 = 70이야. 잘 알지?
20은 19보다 1큰 수야. 그러니까 90 - 20는 90 - 19보다
1만큼 더 뺀 거야. 그래서 90 - 20의 정답인 70에 1을 더해야
90 - 19의 정답이 나와.
90 - 19 = 70 + 1 = 71

내림하기로 뺄셈하는
방법도 괜찮아.
이 뺄셈식을 잘 봐.

90 – 21

이때도 90-20=70을 먼저 생각해. 20은 21
보다 1 작은 수야. 그러니까 90-20은 90-21
보다 1만큼 덜 뺀 거야. 그래서 90-20의 정답인
70에서 1을 빼야 90-21의 정답이 나와.
90 - 21 = 70 - 1 = ☐

두 자리 수 뺄셈

복잡한 두 자리 수 빼기

36 − 25 =

28 − 11 =

67 − 31 =

32 − 12 =

54 − 22 =

97 − 86 =

79 − 52 =

21 − 10 =

44 − 13 =

85 − 23 =

기린 조지가 수식을 풀려고
애를 쓰고 있어. 십의 자리 수끼리 빼고,
일의 자리 수끼리 빼서 조지를 도와줄 수 있겠니?

이 문제도 풀어 봐.

101 − 91 =

두 자리 수 뺄셈

도전! 기린 조지와 훨씬 더 어려운 문제 풀기

올림으로 빼기

올림해서 빼고 난 후 거기에 1을 더해.

70 − 19 = ☐

60 − 29 = ☐

30 − 19 = ☐

100 − 89 = ☐

내림으로 빼기

내림해서 빼고 난 후 거기에 1을 빼.

80 − 21 = ☐

50 − 31 = ☐

40 − 11 = ☐

100 − 11 = ☐

기린이 팔짝 뛸 정도로 잘 하고 있어!

기린 조지의 수열 미션

기린 조지도 진짜 어려운 뺄셈은 수열을 만들어서 풀어.
다음 문제를 풀어 보자.

73 − 54

조지가 어떻게 하는지 잘 봐.

73과 **54**의 차를 구하려고 **54**에서 **73**까지 쭉 이어 세기는 어려워.
하지만 **54**에서 **60**까지 이어 세기는 쉬워. 바로 **6**이야.
그 다음에 **60**과 **70**의 차는 **10**이지.

70에서 **73**까지는 **3**번 이어 세면 돼.

계산하기 쉽게 수열로 만들면 어려운 문제도 쉽게 풀 수 있어.
그래서 **73**과 **54**의 차는…… **6+10+3=19**야.

도전! 기린 조지의 껑충껑충 뛰는 문제 풀기

수열을 만들어서
다음 문제를 풀어 볼까?

92 − 75 = ☐

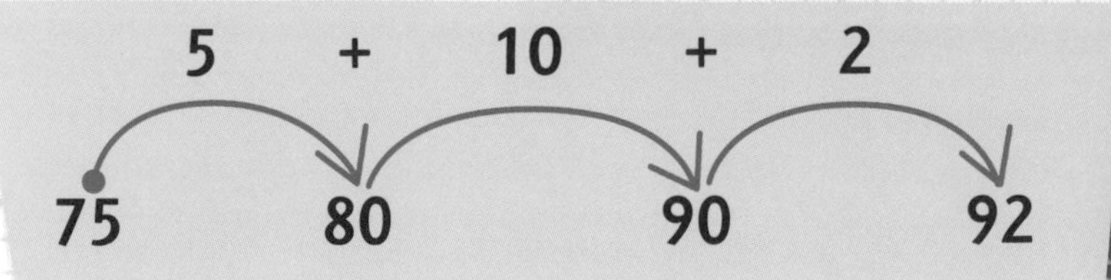

81 − 38 = ☐

수열을 직접 만들어서
다음 문제를 풀어 보자.

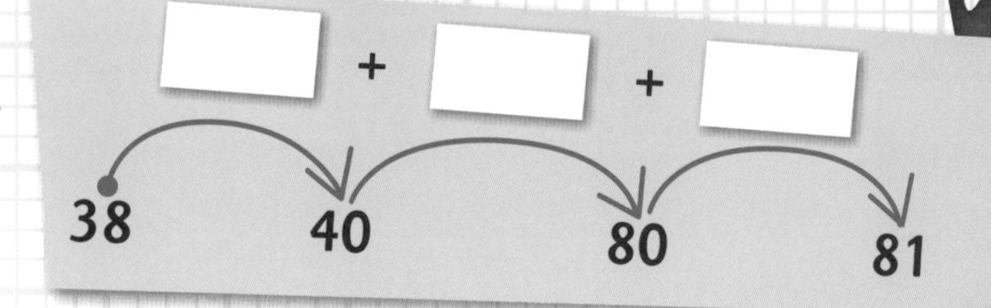

74 − 57 = ☐

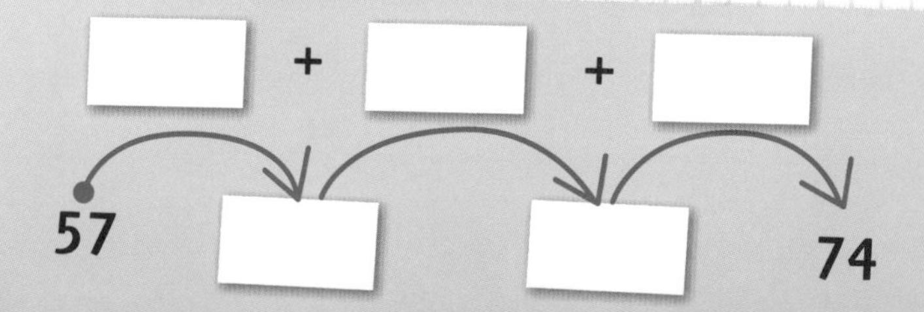

어려운 문제가 쉬워졌어! 잘했어.

지와 조지의 두뇌 게임 미션

지와 조지는 물가에서 물을 마시고 있어.
지는 물을 **34**모금 마셨고, 조지는 **35**모금 마셨어.
모두 합하면 모두 몇 모금일까?

조지는 진흙탕 위에 발자국 **30**개를 남겼어.
지는 발자국 **19**개를 남겼지.
이 둘의 차는 몇이야?

조지는 겨울에 하루 동안 나뭇잎 **100**개를 먹어.
여름에는 하루에 나뭇잎 **65**개를 먹지.
여름에는 겨울보다 나뭇잎을
얼마나 적게 먹는 거야?

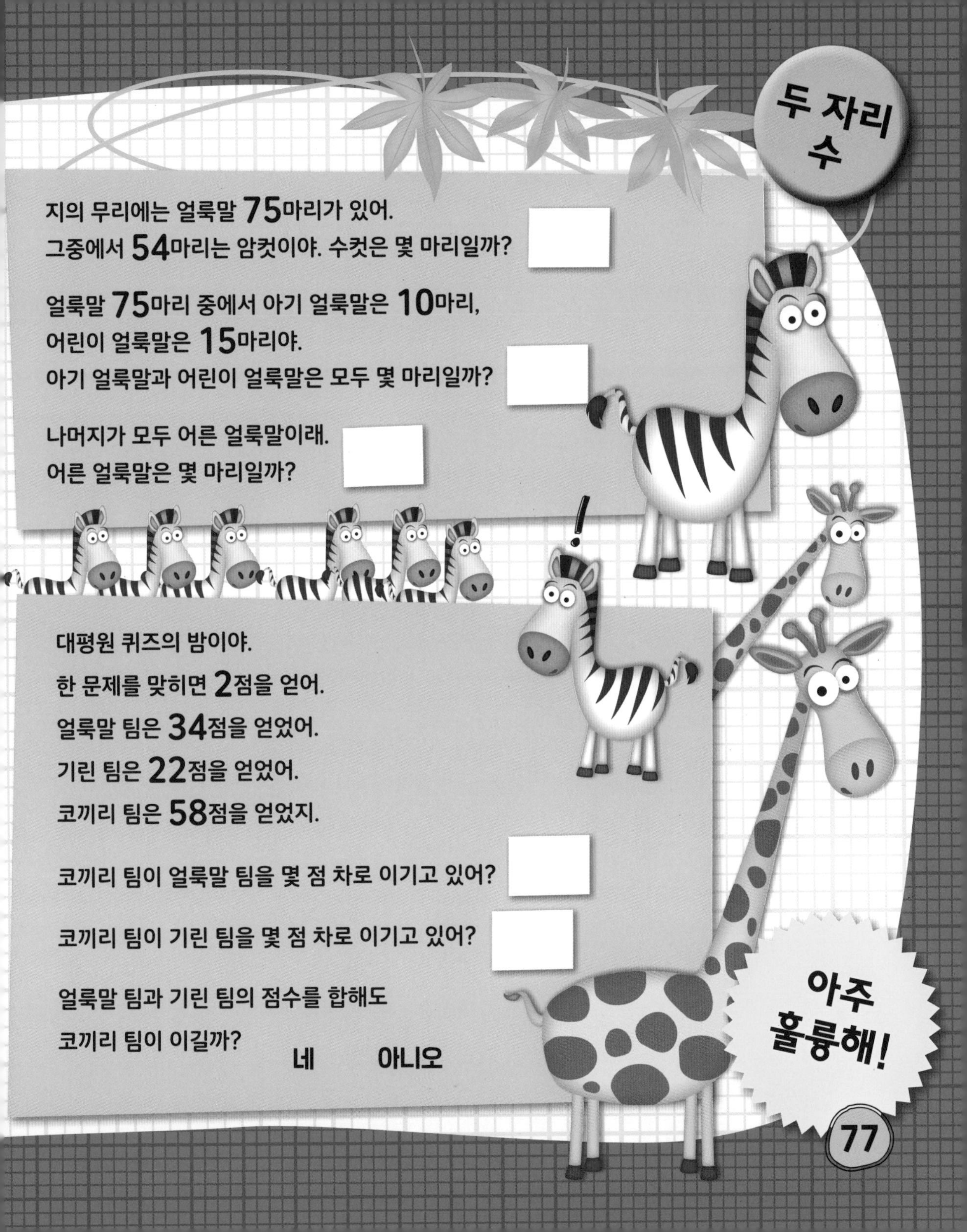

지의 무리에는 얼룩말 **75**마리가 있어.
그중에서 **54**마리는 암컷이야. 수컷은 몇 마리일까?

얼룩말 **75**마리 중에서 아기 얼룩말은 **10**마리,
어린이 얼룩말은 **15**마리야.
아기 얼룩말과 어린이 얼룩말은 모두 몇 마리일까?

나머지가 모두 어른 얼룩말이래.
어른 얼룩말은 몇 마리일까?

대평원 퀴즈의 밤이야.
한 문제를 맞히면 **2**점을 얻어.
얼룩말 팀은 **34**점을 얻었어.
기린 팀은 **22**점을 얻었어.
코끼리 팀은 **58**점을 얻었지.

코끼리 팀이 얼룩말 팀을 몇 점 차로 이기고 있어?

코끼리 팀이 기린 팀을 몇 점 차로 이기고 있어?

얼룩말 팀과 기린 팀의 점수를 합해도
코끼리 팀이 이길까?   네   아니오

길어지고 커지는 문제 풀기 미션

얼룩 다람쥐 교수님이 대박 수 기계를 만들었어.
아무 수나 넣으면 더해 주는 기계야.

얼룩 다람쥐 교수님이 대박 수 기계에 대박 큰 수들을 넣어 보았어.

45 + 320 + 210　　　　902 + 72 + 13

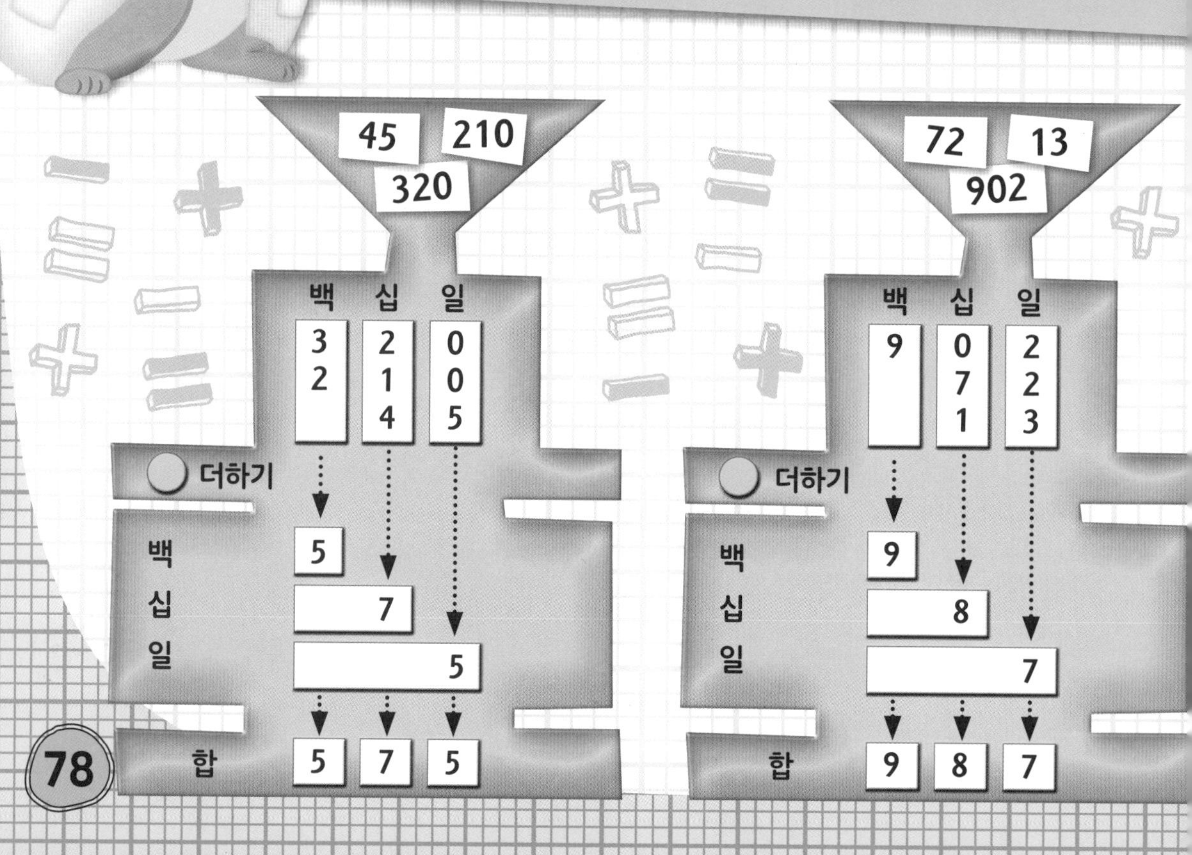

도전! 대박 수 기계 돌리기

수 기계에 들어간 수를 보고 네모 칸에 답을 채워 넣을 수 있겠어?

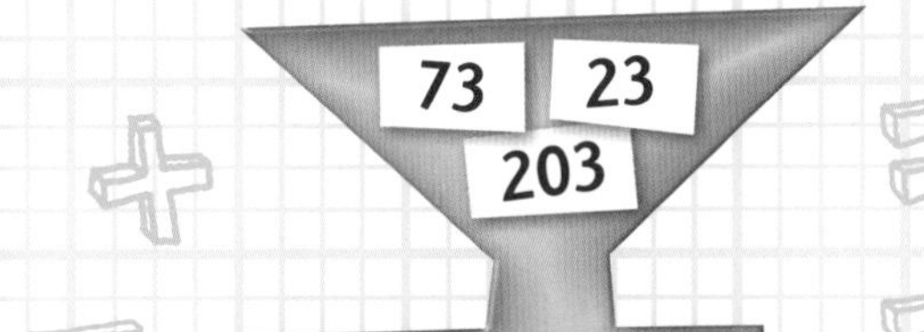

73 23 203

백	십	일
2	7 2 0	3 3 3

더하기

백 [ ]
십 [ ]
일 [ ]

합 [ ] [ ] [ ]

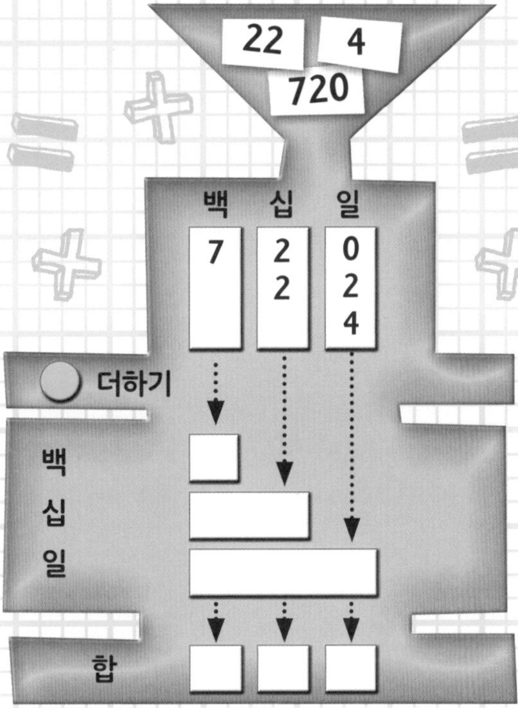

22 4 720

백	십	일
7	2 2	0 2 4

더하기

백 [ ]
십 [ ]
일 [ ]

합 [ ] [ ] [ ]

대단하구나!

잘 하고 있어!

큰 수 계산
다람쥐 교수님과
큰 수 더하기 미션
대박 수 기계로 다음 덧셈식들을 풀 수 있겠니?
12 + 560 + 215
702 + 31 + 124
12
560
215
백
십
일
더하기
백
십
일
합
702
31
124
백
십
일
더하기
백
십
일
합
이번에는 기계 없이
이 문제를 풀어 보자.
653
33
+ 12
80

도전! 대박 수 기계로 큰 수 더하기

큰 수 계산

다음 수식을 풀어 봐.

201 + 53 + 102

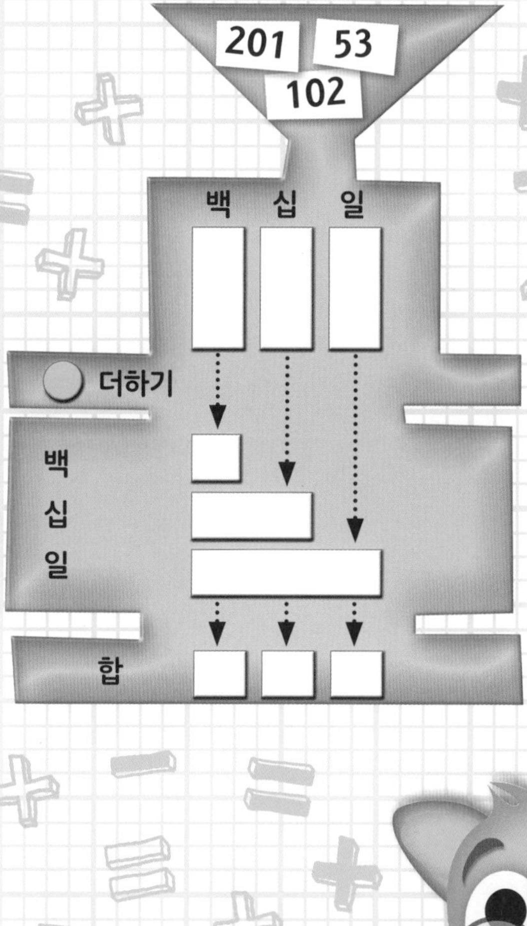

201 53 102

백 십 일

더하기

백

십

일

합

이번에는 수 기계 없이 다음 덧셈식 4개를 풀어 봐.

$$\begin{array}{r} 317 \\ 60 \\ +\ \ 2 \\ \hline \end{array}$$

$$\begin{array}{r} 466 \\ 12 \\ +\ \ 1 \\ \hline \end{array}$$

$$\begin{array}{r} 555 \\ 31 \\ +\ 555 \\ \hline \end{array}$$

$$\begin{array}{r} 805 \\ 23 \\ +\ 20 \\ \hline \end{array}$$

대박 잘했어!

도전! 기억 되감기 미션

두 자리 수, 세 자리 수 더하기와 빼기도 이제 진짜 쉬워졌지?
기억을 되감으며 다시 한 번 해 보자.

$65 + 12 =$ ☐
$72 - 61 =$ ☐
$70 + 22 =$ ☐
$55 + 25 =$ ☐
$87 - 64 =$ ☐
$33 + 33 =$ ☐

$69 + 69 =$ ☐
$59 + 49 =$ ☐
$109 + 29 =$ ☐

두 번째 네모 칸 안의 덧셈과
세 번째 네모 칸 안의 뺄셈은
올림이나 내림으로 계산해.

$30 - 21 =$ ☐
$90 - 39 =$ ☐
$100 - 51 =$ ☐

조지가 타조 깃털을 **62**개 모으고, 지가 **37**개 모으면
타조 깃털은 모두 몇 개일까? ☐

테스트

어려운 이 문제는 수열을 사용해 풀어 보자.

$$62 - 47 = \square$$

47 → 50 → 60 → 62

다람쥐 교수님의 대박 수 기계로
다음 문제를 풀어 보자.

$$212 + 121 + 221$$

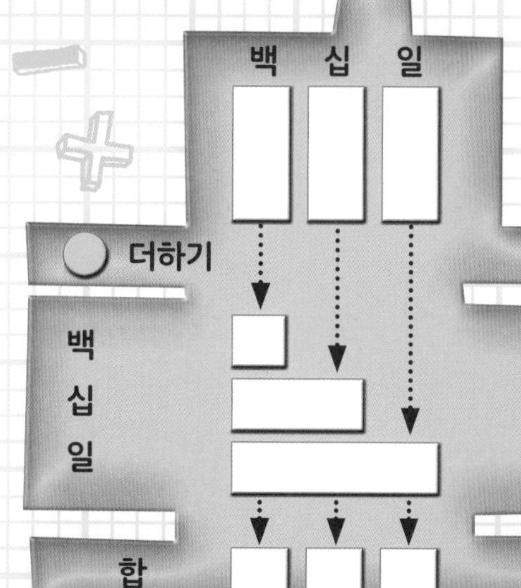

대박 수 기계 없이
이 문제도
풀어 보자.

$$\begin{array}{r} 207 \\ 602 \\ +\ \ 80 \\ \hline \square \end{array}$$

복잡한 돈 계산하기 미션

멋쟁이 개가 공원에서 아이스크림을 팔고 있어.
빨리 손님들에게 잔돈을 거슬러 주어야 해!
아이스크림 가격은 다음과 같아.

근사한 아이스크림	맛있는 아이스크림	뼈다귀 아이스크림	컵 아이스크림
		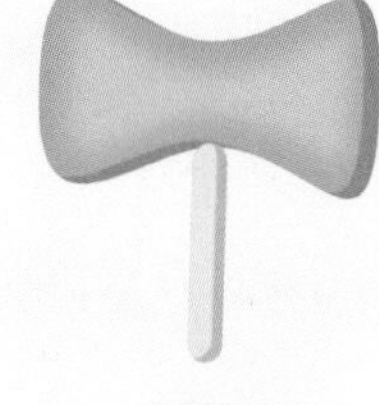	
15원	20원	25원	25원

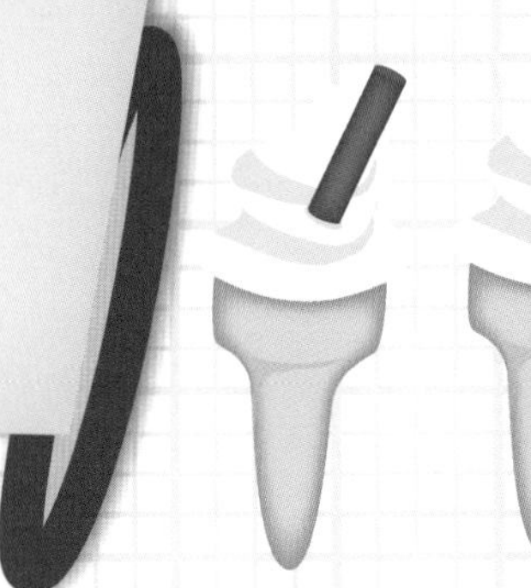

첫 번째 손님이 맛있는 아이스크림 **2**개를 달라고 했어. 멋쟁이 개가 머릿속으로 덧셈을 하고 있어.

20원 + 20원 = 40원

그런데 손님이 **100**원짜리 동전 하나를 냈어.

100원짜리 동전 1개는 10원짜리 동전 10개와 똑같아.

100원 − 40원 = 60원

10원짜리 6개를 거슬러 주면 돼.

도전! 거스름돈 주기

돈 계산

다음 손님은 근사한 아이스크림 하나와 뼈다귀 아이스크림 하나를 달라고 했어. 멋쟁이 개가 손님에게 얼마를 달라고 해야 하는지 계산해 보고 있어.

15원 + 25원 = ☐

손님한테서 **50**원을 받았어. 얼마를 거슬러 주어야 할까?

50원 − 40원 = ☐

또 손님이 와서 근사한 아이스크림 2개와 컵 아이스크림 하나를 달라고 해. 그럼 얼마를 받아야 할까?

15원 + 15원 + 25원 = ☐

손님에게 **60**원을 받았어. 얼마를 거슬러 주어야 할까? ☐

돈 계산

멋쟁이 개의 돈 계산 미션

다음은 멋쟁이 개가 파는 아이스크림 가격이야.

수식을 종이에 적어서 풀 수 있어.

손님이 사려는 아이스크림 종류와 가격을 아래 쪽지에 적어 놓았어. 멋쟁이 개는 손님이 사려는 아이스크림 가격이 모두 얼마인지 더해 놓고, 거스름돈도 계산했어. 87쪽의 쪽지 두 개도 이렇게 적을 수 있겠어?

50원

	가격
근사한 아이스크림 2개	30원
맛있는 아이스크림 1개	20원
합계	50원
거스름돈	0원

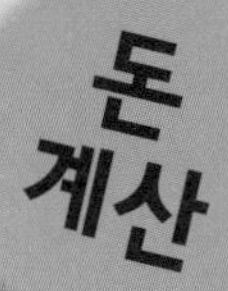

100원 50원

	가격
근사한 아이스크림 2개	
맛있는 아이스크림 2개	
컵 아이스크림 1개	
뼈다귀 아이스크림 1개	
합계	
거스름돈	

100원

	가격
뼈다귀 아이스크림 1개	
컵 아이스크림 1개	
합계	
거스름돈	

가진 돈이 100원 밖에 없어! 100원으로 아이스크림을 제일 많이 사려면 몇 개까지 살 수 있어?

넌 어떤 아이스크림을 살 거야?

잘했어!

멋쟁이 개의 두뇌 게임 미션

근사한 아이스크림 **1**개가 **15**원이고,
컵 아이스크림 **1**개가 **25**원이야. 모두 얼마야?

오늘 하루가 끝날 무렵, 멋쟁이 개는 **510**원을 벌었어.
어제는 **620**원을 벌었어.
어제는 오늘보다 얼마나 더 벌었어?

손님이 **50**원을 갖고 와서 아이스크림 **3**개를 사려고 해.
방법은 다음 두 가지가 있어. 각각 얼마를 거슬러 주어야 할까?

방법1

거스름돈

15원 15원 15원

방법2

거스름돈

15원 15원 20원

돈 계산
주머니에 아래와 같이 동전이
있어. 모두 더하면 얼마일까?
50원
5원
10원
10원
이 돈으로 25원짜리 컵 아이스크림
2개를 샀어. 돈이 얼마 남아?
잊지 마!
100원짜리 동전
1개는 10원짜리
동전 10개와 같아.
멋쟁이 개가 510원을 벌었어.
이제 필요한 물건을 좀 사야 해.
멋쟁이 개가 사고 싶은 물건과
물건 가격은 다음과 같아.
그릇 100원
기름 250원
설탕 25원
소스 25원
합
다 사고 나면 돈이 얼마 남을까?

도전! 대단한 수학 마법사 시험

지금껏 배운 모든 방법을 다 써서 문제를 풀 수 있겠어?
대단한 수학 마법사에 도전해 보자!

호호호,
이어 세기,
거꾸로 세기,
짝꿍수를
잊지 말거라.

3 + 6 = ☐

9 + 2 = ☐

10 + 7 = ☐

5 + 5 = ☐

20의 반은? ☐

8의 두 배는? ☐

60 - 20 = ☐

20 + 10 = ☐

10 + 35 = ☐

10과 15의 차는? ☐

뺄셈이 아닌 것에 동그라미를 쳐 봐.

빼기　　**마이너스**　　**곱하기**　　**차**

저울 양쪽이 똑같아지도록
네모 칸에 알맞은 수를 써 보자.

8  10

78 + 11 = ☐　100 − 80 = ☐　68 + 2 = ☐

65 − 35 = ☐　92 − 71 = ☐　44 − 13 = ☐

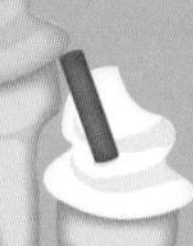

75원으로 20원짜리 아이스크림을 몇 개 살 수 있어? ☐

거스름돈은 얼마를 받아야 해? ☐

일의 자리 수가 10이 되면 십의 자리 수가 커진단다.

차가 8이 되는 비눗방울이 몇 쌍 있어?

22　20　58　5

14　12　50　13

☐

대박 숫자 기계를 떠올려 보면서 이 문제를 풀어 보자.

$$\begin{array}{r} 240 \\ 34 \\ +\ 202 \\ \hline \square \end{array}$$

어려운 다음 문제를 수열을 만들어서 풀어 보자.

103 − 77 = ☐　77 → ☐ → ☐ → 103

이제 정답을 확인해 봐. 진짜 대단한 수학 마법사가 된 것 같아?
아니면 아직 마법사의 조수 같아?

정답

위즈뱅의 정답

5쪽
43 − 9 = 34

6쪽
37 + 3 = 40

8쪽
2 + 1 = 3
3 + 1 = 4
4 + 1 = 5
5 + 1 = 6
6 + 1 = 7
7 + 1 = 8
2번

9쪽
13 + 1 = 14
10 + 1 = 11
25 + 1 = 26
31 + 1 = 32
3 + 1 = 4
59 + 1 = 60
99 + 1 = 100
199 + 1 = 200
222 + 1 = 223

10쪽
4 + 3 = 7
0 + 2 = 2
4 + 4 = 8
8 + 4 = 12
5 + 1 = 6
남동생 8마리
여동생 8마리
합 16마리

11쪽
6 + 4 = 10
10 + 6 = 16
16 + 3 = 19
5 + 0 = 5
21 + 9 = 30
52 + 2 = 54
48 + 2 = 50
5 + 53 = 58
1 + 101 = 102
8 + 35 = 43

12쪽
8마리
7개
'곱'에 동그라미

13쪽
6살
9점
12점
머지

14쪽
33 − 5 = 28

16쪽
8 − 1 = 7
7 − 1 = 6
6 − 1 = 5
5 − 1 = 4
4 − 1 = 3
3 − 1 = 2
2 − 1 = 1
0개

17쪽
11 − 1 = 10
20 − 1 = 19
24 − 1 = 23
13 − 1 = 12
21 − 1 = 20
32 − 1 = 31
1 − 1 = 0
100 − 1 = 99
101 − 1 = 100

18쪽
4 − 1 = 3
6 − 2 = 4
10 − 5 = 5
8 − 4 = 4
9 − 6 = 3
10 − 3 = 7
4 − 3 = 1

19쪽
9 − 2 = 7
10 − 8 = 2
26 − 5 = 21
8 − 7 = 1
32 − 3 = 29
68 − 9 = 59
22 − 2 = 20
13 − 5 = 8
80 − 7 = 73

20쪽
2마리
4개
1
'더하기'에 동그라미

21쪽
12개
7개
5개
6
5

22쪽
11 + 3 = 14
90 − 2 = 88
5 + 5 = 10
18 + 8 = 26
3 − 3 = 0
1개
15개

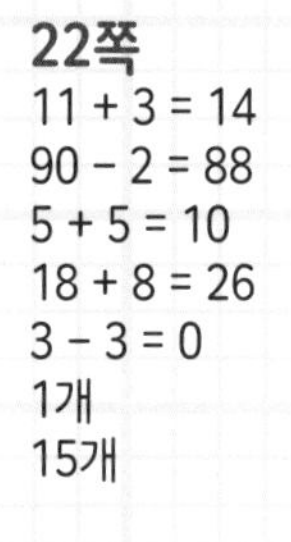

정답

23쪽
5
13마리
17개
21개

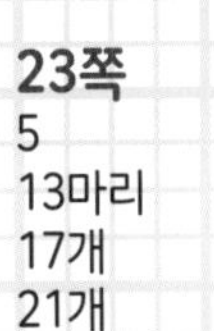

25쪽
9 + 1 = 10
3 + 7 = 10
5 + 5 = 10
6 + 4 = 10
8 + 2 = 10

26쪽

27쪽
7 + 3 = 10
5 + 5 = 10
2 + 8 = 10
9 + 1 = 10
7 + 3 = 10
5 + 5 = 10
1 + 9 = 10
6 + 4 = 10
6 + 4 = 10
8 + 2 = 10

28쪽
10 − 8 = 2
10 − 4 = 6
10 − 3 = 7
10 − 5 = 5
10 − 9 = 1

29쪽
10 − 2 = 8
10 − 5 = 5
10 − 3 = 7
10 − 8 = 2
10 − 7 = 3
10 − 9 = 1
10 − 8 = 2
10 − 4 = 6
10 − 5 = 5
10 − 1 = 9

30쪽
12쌍
5번
4개
7개

31쪽

6 + 4
9 + 1
7 + 3
10 − 3 = 7
10 − 2 = 8
10 − 1 = 9

33쪽
5 + 6 = 11
5 + 4 = 9

34쪽
20 = 10 + 10
12 = 6 + 6
10 = 5 + 5
6 = 3 + 3
16 = 8 + 8
8 = 4 + 4
14 = 7 + 7
2 = 1 + 1
18 = 9 + 9

35쪽
6 − 4 = 2

36쪽
8 + 8 = 16
8 + 7 = 15
10 + 10 = 20
10 + 11 = 21
3 + 3 = 6
3 + 4 = 7
5 + 5 = 10
6 + 5 = 11
7 + 7 = 14
6 + 7 = 13

37쪽
12 = 6 + 6
13 = 6 + 7
2 = 1 + 1
3 = 1 + 2
4 = 2 + 2
5 = 2 + 3
10 = 5 + 5
9 = 5 + 4
8 = 4 + 4
7 = 4 + 3
80 = 40 + 40
70 = 40 + 30

38쪽
12살
금화 8개
16초

39쪽
9 + 10 = 19
6조각
5개, 10개

40쪽
10 − 2 = 8
4 + 6 = 10
3 + 7 = 10
10 − 1 = 9
10 − 5 = 5
1과 8

41쪽
다이아몬드 10개
사파이어 4개
루비 9개
에메랄드 7개
6시간
11 + 10 = 21

정답

43쪽
28
45
56

44쪽
23 + 10 = 33
42 + 10 = 52
10 + 57 = 67
10 + 51 = 61
64 + 10 = 74
43 + 10 = 53

45쪽
67 – 10 = 57
18 – 10 = 8
21 – 10 = 11
33 – 10 = 23
49 – 10 = 39
82 – 10 = 72

46쪽
45개
30
'56'에 동그라미
17일

47쪽
43마리
20개
33마리
23마리

48쪽
30
50
70
90

49쪽
110 + 90 = 200

50쪽
110 + 10 = 120
160 + 30 = 190
110 + 50 = 160
200 + 200 = 400
120 + 60 = 180
210 + 70 = 280
300 + 40 = 340
190 + 20 = 210

51쪽
120 – 20 = 100
650 – 200 = 450
270 – 50 = 220
150 – 40 = 110
340 – 30 = 310
20 – 20 = 0
330 – 110 = 220

52쪽
10개
50개
30개
60

53쪽
'350'에 동그라미
190
'70-30'에 동그라미

55쪽
'6+13'에 동그라미

56쪽
17 + 3 = 20
16 + 4 = 20
1 + 19 = 20
5 + 15 = 20
18 + 2 = 20
22 + 8 = 30

57쪽
20 – 6 = 14
20 – 7 = 13
20 – 9 = 11
20 – 8 = 12
20 – 10 = 10
'11과 8'에 동그라미

59쪽
3

60쪽
4
6
2마리

61쪽
4묶음
9
4
16
3, 12, 7

62쪽
2
8
B: 4
C: 5

63쪽
19마리
3
25초
35

64쪽
5
'30'에 동그라미
3

65쪽
90번
'41과 8'에 동그라미

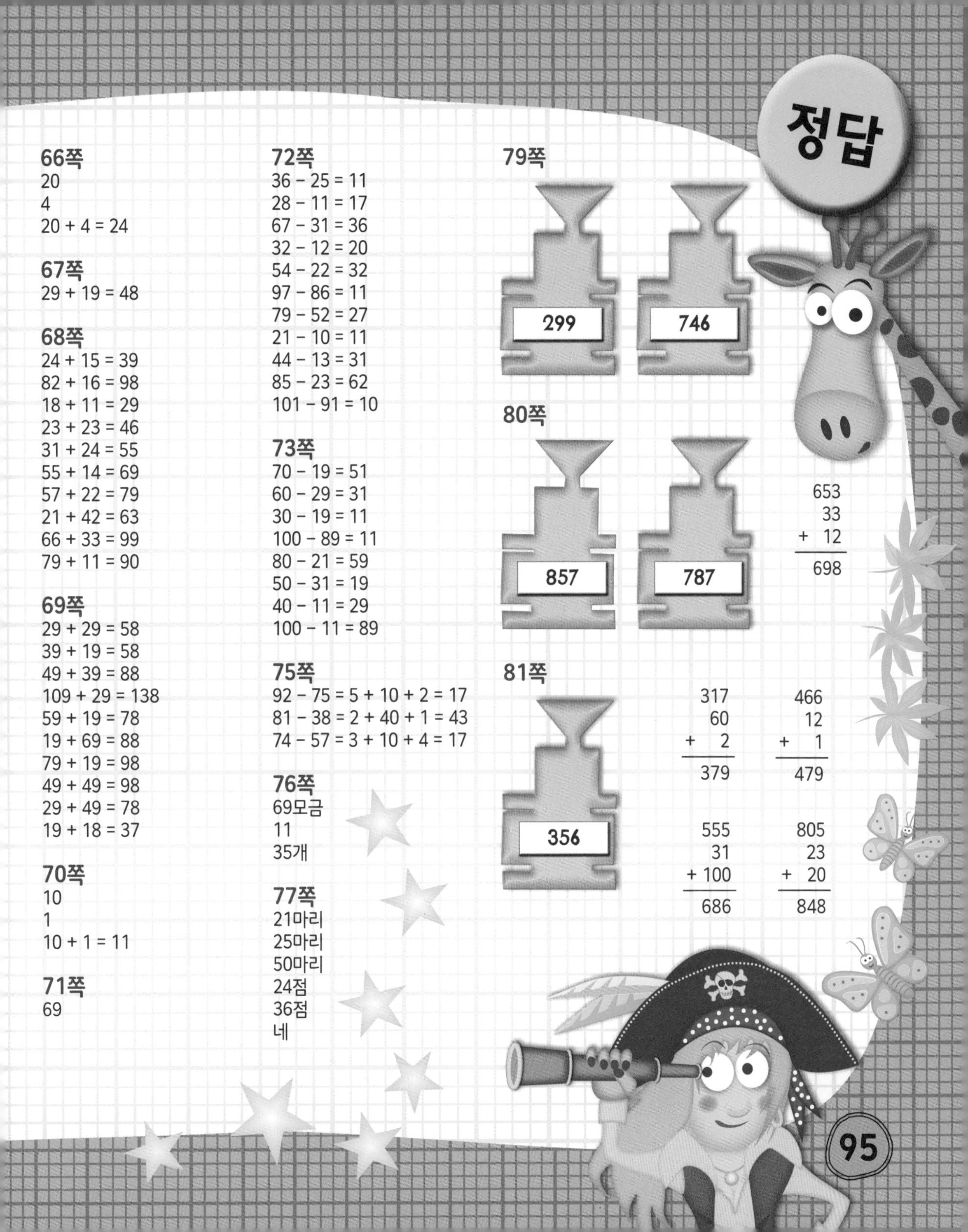

정답

66쪽
20
4
20 + 4 = 24

67쪽
29 + 19 = 48

68쪽
24 + 15 = 39
82 + 16 = 98
18 + 11 = 29
23 + 23 = 46
31 + 24 = 55
55 + 14 = 69
57 + 22 = 79
21 + 42 = 63
66 + 33 = 99
79 + 11 = 90

69쪽
29 + 29 = 58
39 + 19 = 58
49 + 39 = 88
109 + 29 = 138
59 + 19 = 78
19 + 69 = 88
79 + 19 = 98
49 + 49 = 98
29 + 49 = 78
19 + 18 = 37

70쪽
10
1
10 + 1 = 11

71쪽
69

72쪽
36 − 25 = 11
28 − 11 = 17
67 − 31 = 36
32 − 12 = 20
54 − 22 = 32
97 − 86 = 11
79 − 52 = 27
21 − 10 = 11
44 − 13 = 31
85 − 23 = 62
101 − 91 = 10

73쪽
70 − 19 = 51
60 − 29 = 31
30 − 19 = 11
100 − 89 = 11
80 − 21 = 59
50 − 31 = 19
40 − 11 = 29
100 − 11 = 89

75쪽
92 − 75 = 5 + 10 + 2 = 17
81 − 38 = 2 + 40 + 1 = 43
74 − 57 = 3 + 10 + 4 = 17

76쪽
69모금
11
35개

77쪽
21마리
25마리
50마리
24점
36점
네

79쪽
299
746

80쪽
857
787

653
33
\+ 12
698

81쪽
356

317
60
\+ 2
379

466
12
\+ 1
479

555
31
\+ 100
686

805
23
\+ 20
848

정답

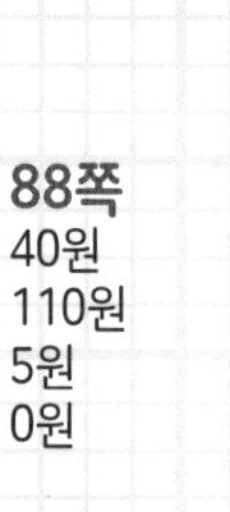

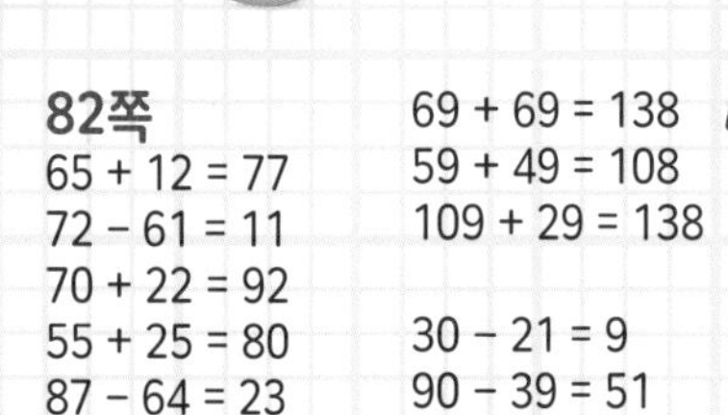

82쪽
65 + 12 = 77
72 - 61 = 11
70 + 22 = 92
55 + 25 = 80
87 - 64 = 23
33 + 33 = 66

69 + 69 = 138
59 + 49 = 108
109 + 29 = 138

30 - 21 = 9
90 - 39 = 51
100 - 51 = 49
99개

83쪽
62 - 47 = 3 + 10 + 2 = 15

$$\begin{array}{r} 207 \\ 602 \\ +\ 80 \\ \hline 889 \end{array}$$

85쪽
40원 10원 55원 5원

87쪽

근사한 아이스크림 2개	30원
맛있는 아이스크림 2개	40원
컵 아이스크림 1개	25원
뼈다귀 아이스크림 1개	25원
합계	120원
거스름돈	30원

뼈다귀 아이스크림 1개	25원
컵 아이스크림 1개	25원
합계	50원
거스름돈	50원

6개

88쪽
40원
110원
5원
0원

89쪽
75원
25원
400원
110원

90쪽
3 + 6 = 9　9 + 2 = 11　10 + 7 = 17　5 + 5 = 10

10, 16
60 - 20 = 40　20 + 10 = 30　10 + 35 = 45
5
'곱하기'에 동그라미

91쪽
78 + 11 = 89
100 - 80 = 20
68 + 2 = 70
65 - 35 = 30
92 - 71 = 21
44 - 13 = 31

3개
15원
4쌍

$$\begin{array}{r} 240 \\ 34 \\ +\ 202 \\ \hline 476 \end{array}$$

103 - 77 = 26, 80, 100